韓國人氣咖啡廳主廚教你做！

90_道手作幸福

韓國人氣咖啡廳
都在做！

早午餐。

簡單‧營養‧健康的美味食譜，
新手也能做出餐廳等級Brunch！

李松熙———著

胡椒筒———譯

PROLOGUE

　　媽媽的料理，對任何人來說應該都是令人難忘的美味，當然對我來說也一樣。我一直很懷念小時候和媽媽一起做美味料理的那段時光，因此我也自然而然的成為了廚師。

　　我每天早上都很早起來，思考著如何做出簡單容易、好吃又健康，可以讓人吃了充滿活力的美味早餐，因此我做出了許多早午餐料理，並經營著受到大家喜愛的「my Ssong」餐廳。「my Ssong」餐廳很受大家的喜愛，不管晴天、陰天，店裡總是客滿，看著每個人滿足著吃著料理，就是給我不斷進步的力量。

　　說到早午餐，總是讓人聯想到高級華麗的紐約餐廳，認為自己動手做會很難，其實完全不是這麼一回事。這本書裡，我想告訴大家，我們經常吃的雞蛋就可以做出各式各樣的早午餐，只要用平常很熟悉的食材，就可以很輕鬆地做出美味料理。

雞蛋是最基本的食材，學習料理雞蛋的各種方法後，再結合搭配其他材料，便可以完成各式各樣的早午餐料理。能有什麼事情，會比為心愛的人做料理更讓人覺得幸福呢？希望今天起大家可以在家裡享受簡單的早午餐，雖然在有氣氛的餐廳裡用餐很棒，但能和心愛的人在屬於自己的空間裡，品嚐手作的幸福早午餐，是不是會覺得更好吃、也更特別呢？

　　希望每個人看了這本書，都能做出幸福美味的早午餐！

本書作者 李松熙

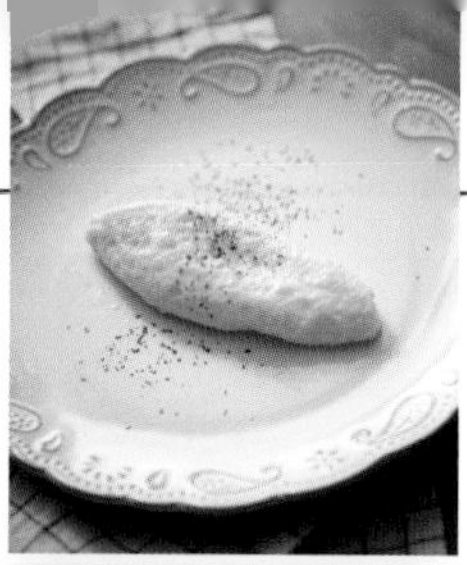
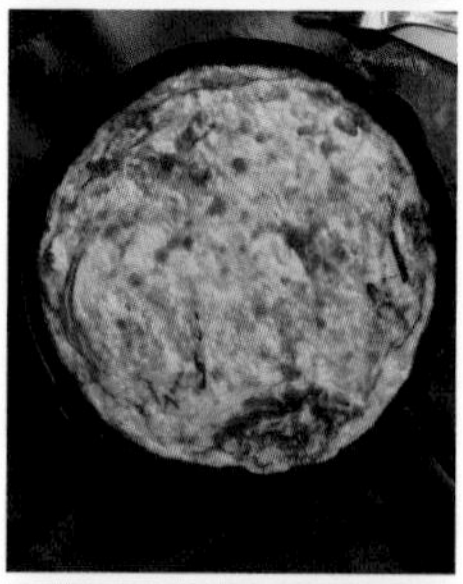
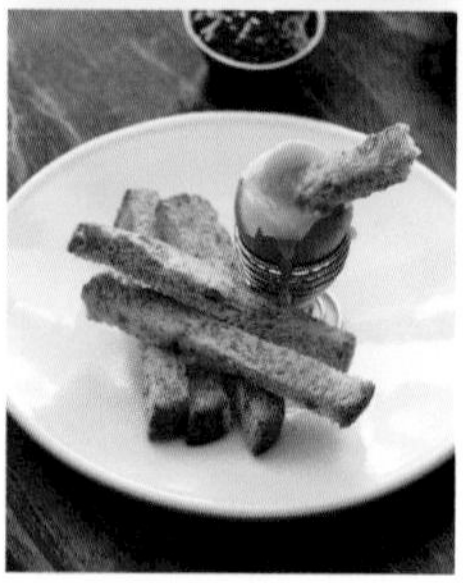

Chapter 1

基本蛋料理

Chapter 2

進階蛋料理

Chapter 3
沙拉

Chapter 4
濃湯

Chapter 5
快烤麵包

Chapter 6
三明治

製作早午餐的基本道具

1. 平底鍋 　　使用平底鍋時，要考慮符合料理的大小，通常廚師在料理前會根據食材的量，來決定平底鍋或鍋子的大小才開始料理，這樣才能發揮出最上等的味道，我個人會準備三種不同大小的平底鍋來選擇使用。

2. 鑄鐵平底鍋 　因鑄造的關係，重量和價格成為了該種平底鍋的小缺點，但長期料理時會慢慢喜愛上這款鍋，因為它們的導熱率高，雖然需要較長的預熱時間，但一經燒熱會帶來很多料理的樂趣。它們可以烤牛排、烤雞蛋，也可以進行烘焙，與2～3年就要換新的平煎鍋不同，鑄鐵平底鍋可以使用很久。

3. 切菜板 　　一般切菜板會分為切肉類用、切魚類、切其他食材用，分開使用是為了衛生，使用後建議消毒並放在陽光下曬乾。

4. 刀子 　　雖然刀子的刃很重要，但對我來講更重要的是握住刀柄的手感，每個人手的形狀都有所差異，所以每個人的握感都會不同。握住刀子的時候沒有不便，使用起來才可以減少手部的疲勞，我認為完美的刀刃既要不損傷食材，也要能切得斷食材才是關鍵。

5. 打蛋器 　　打蛋或是攪拌食材時使用的工具，本書裡需要用到雞蛋的料理非常多，而速發麵包和麵糰、製作各種調料時，也需要此道具。

6. 木質筷子 　炒蛋和煎蛋捲這類雞蛋料理中，一定會用到的道具，木質筷子是可以讓炒蛋和煎蛋捲達到最柔軟的道具，建議挑選較長的木筷，因為越方便使用。

7. 木質平鏟 　熬湯時需要的道具，容量大而深的鍋子如果使用一般湯匙會燙傷手，所以使用長的木質平鏟最適合，而且使用木質平鏟不會使不沾鍋的漆脫落，炒菜時使用也很適合。

8. 鍋鏟 　　需要完整且漂亮的翻轉煎蛋和鬆餅時，需要此道具。通常只要將鏟放入鍋子與食材中間，利用手腕的力量即可以輕鬆地翻轉。

9. 量匙 　　料理時突然需要品嚐鹹淡或是調整食材的量時，需要此道具。使用量匙可以掌握調味料的使用量，不會造成料理的失敗，最好準備不同大小的量匙來使用。
　　　　　◎本書使用的單位
　　　　　　● 1T＝一大匙＝15cc
　　　　　　● 1t＝一小匙＝5cc

10. 削皮器 　使用削皮器可以減少浪費，這樣就能在短時間內，輕鬆地為各種蔬果削皮，例如：馬鈴薯、茄子或黃瓜等各類蔬菜。

11. 桿麵棍 　烘焙或是做麵糰時，這是最有用的道具，雖然不經常使用，但準備一根桿麵棍就能有事半功倍的效果。如果不是經常烘焙，不需要準備太好的桿麵棍，一根便宜的桿麵棍也能發揮很好的效果。

1

2

3

4

製作早午餐的
基本食材

5

6

7

8

1. 雞蛋　　　最容易獲取的食材，也是使用難度高的食材之一。雞蛋是很營養的食品，可以供給充分的蛋白質，還能製作出多種美味可口的料理。

2. 鹽　　　　所有的料理都需要鹽，鹽可以左右食物的味道，使用高品質鹽做料理，可以讓食物的味道更乾淨俐落，並保留食材固有的清香。

3. 牛奶／鮮奶油　牛奶具有很高的鈣質，容易被人體吸收，其本身就是非常優秀的食材，特別是與雞蛋相結合時，柔和的口感與香氣更是加倍美味。鮮奶油是從牛奶裡分離出來的脂肪，因此鮮奶油比牛奶的濃度更濃也更香，若是在煮濃湯的最後一個步驟加入鮮奶油，可以帶來有別於牛奶的風味。

4. 純橄欖油　使用橄欖油時，很容易混淆特級橄欖油和純橄欖油，純橄欖油是在家庭裡經常使用的食用油，例如在烤、炸、炒等料理中經常使用，本書統稱為「橄欖油」。

5. 特級橄欖油　特級橄欖油比純橄欖油的發煙點低，很適合搭配沙拉或者充當調味汁，而根據橄欖的種類和香氣不同，可以選擇不同種類的商品，但不一定貴就是好的油，要根據個人香氣和酸度的喜好，選擇不同的特級橄欖油。

6. 奶油　　　奶油的發煙點低，稍不留意便容易燒焦，所以使用時要特別小心。溫度調整適當的話，利用奶油做出的料理，香氣撲鼻而且能增進食慾。

7. 胡椒　　　鹽和胡椒一樣，是非常基本的食材，種類不同而香氣和辣度也會不同。使用時可以將顆粒狀的胡椒，用胡椒碾磨器碾碎成粉，能令料理的味道和香氣更加豐富。

8. 砂糖　　　添加過量的話會有害健康，適量添加並控制量，能讓料理甜美可口。

Note

本書食譜若無特殊標註，皆為1人份，以一個盤子為基準的量。製作沙拉、湯和雞尾酒時，如果要一次做出多人份，請按比例來製作。

CHAPTER 1

EGG BASIC
基本蛋料理

雞蛋是很容易取得的食材，更是早午餐裡很常見的材料，
雖然大部分的人都認為蛋料理很容易，但其實必須具備細心與
耐心，才能煎出漂亮的蛋、煮出半熟感的水煮蛋。本篇針對雞
蛋詳細說明，並介紹基礎的雞蛋料理方法，只要熟練基本的蛋
料理，就能讓早午餐料理更色香味俱全喔！

EGGS 雞蛋

　　雞蛋是最具代表性的蛋白質食物，它的特色是含鈉量少、富含蛋白質與多種維他命，還有我們身體所需的氨基酸，可以說是對男女老少都有益的最佳食品。除此之外，雞蛋對於減肥中的女生也很有幫助，因為一顆水煮蛋的熱量是80kcal，但是它在胃部停留的時間卻可以達到3小時以上，因此攝取少量的雞蛋也可以達到飽足感，避免我們暴飲暴食。

　　雞蛋可以在很多地方購買到，但請不要因為價格差異而執著於選擇價位高的雞蛋，因為比起價格來說，挑選時最重要的是雞蛋新鮮度。什麼是新鮮的雞蛋呢？蛋殼粗糙、在陽光下呈現半透明、搖晃的時候沒有聲音、打出的蛋黃圓圓鼓鼓的，有以上的特徵就是新鮮雞蛋。

SEPARATING EGGS
分離蛋白與蛋黃

作 法

1. 準備一個碗，稍微用力將雞蛋打裂。
2. 將裂開蛋的蛋黃，快速用一邊的蛋殼托住。
3. 再將蛋黃送至另一邊的蛋殼，並將蛋白倒入碗內。
4. 重覆數次動作，便可以將蛋白與蛋黃分離。

BOILED EGGS
水煮蛋

材 料

水600g、雞蛋4個、
食用小蘇打粉或鹽1t

作 法

1. 鍋內倒入水和小蘇打粉，開火煮至水燒開至沸騰。

2. 轉至中火後，放入雞蛋。

3. 雞蛋放入後，依烹煮的時間可以煮出不同熟度的蛋黃，煮熟後再放入冷水中即可。

Note

- 底下的照片分別是用7、8、9、10分鐘來烹煮的蛋，可以煮出不同熟度的蛋黃。

- 台灣人煮水煮蛋大部分是用鹽，其實放鹽或放小蘇打粉的功效是一樣的，這樣可以讓蛋殼更好剝、防止蛋白溢出。如果怕蛋殼裂開，也可以加幾湯匙醋來防止蛋白漏出來。

輕鬆剝蛋殼

作　法

1. 將水煮蛋放在砧板上滾動一圈。
2. 去除掉蛋殼裂碎的部分，並剝掉上半截的蛋殼。
3. 接著再剝掉下半截的蛋殼。
4. 最後去除剩下殘留的蛋殼即可。

FRIED EGGS
煎蛋

材　料

雞蛋4個、橄欖油1T

作　法

1. 將雞蛋打入碗內。
2. 在平底鍋上倒入橄欖油，並用小火加熱。
3. 把步驟1準備好的雞蛋放入平底鍋裡煎熟。
4. 煎出自己想要的熟度後，盛盤即可。

Note

蛋黃煮熟的時間大約是1分鐘、2分鐘、3分鐘、4分鐘，根據火力的不同，時間也會有所差異。煮的時候，也可以使用奶油代替橄欖油。根據蛋黃熟的程度，可以分成以下幾種。

- Sunny Side Up（太陽蛋）：單面煎、生蛋黃。
- Over Easy：兩面煎、生蛋黃。
- Over Medium：兩面煎、蛋黃半生不熟。
- Over Hard：兩面煎、蛋黃全熟。

Sunny Side up   Over Easy

Over Medium   Over Hard

BAKED EGGS
烤雞蛋

材料

雞蛋3個、鮮奶油1T、奶油
1t、鹽適量、胡椒粉適量

作法

1. 將雞蛋打入碗內，烤箱以180℃預熱。

2. 將奶油均勻的塗抹在烤盤上。

3. 將雞蛋倒入步驟2，灑上鹽和胡椒粉後淋上1
   大匙鮮奶油。

4. 放進烤箱烤10～15分鐘左右。

Note

本書的「適量」，通常是指拇指和食指一次捏起的量。

POACHED EGGS
水波蛋

材料

水600g、雞蛋3個、白醋2T

作　法

1. 將雞蛋打入碗內。

2. 鍋內倒入水和白醋後，將水燒開。

3. 待水沸騰後再轉至小火，並將步驟1的雞蛋一個一個放進鍋內。

4. 3分鐘後取出雞蛋，再放入冰水裡浸泡一下，取出即可完成。

Note

煮蛋時加幾湯匙白醋，有助於蛋白成型。

SLOWLY POACHED EGGS
半熟水波蛋

材料

水600g、雞蛋3個

作法

1. 將錫箔紙做成甜甜圈的形狀放入較深的鍋底，目的使雞蛋不要接觸到鍋底。

2. 水和雞蛋放入鍋子裡，並用小火煮開。

3. 煮的時候水溫建議維持在60℃的溫熱狀態下，大約需40～45分鐘來煮熟雞蛋，煮熟後剝除蛋殼即可食用。

Note

• 煮好後也可以放進冰箱冷藏一天，取出食用時再用熱水加熱1分鐘即可。

• 雞蛋放入鍋中後，如果沉到底部與鍋底接觸，很快就會熟透變硬，所以將錫箔紙摺成甜甜圈的形狀（中間留有空洞使熱氣上升），借助熱氣上升使得雞蛋不與鍋底接觸，即可飄浮起來慢慢變熟，這樣煮出的雞蛋會更柔軟。

POACHED EGGS FRIED
香煎水波蛋

材 料

水波蛋2個、橄欖油或奶油
1T、鹽適量、胡椒粉適量

作 法

1. 平底鍋內倒入橄欖油或奶油。
2. 將P.22的水波蛋去掉蛋殼後，放入步驟1，兩面各煎45秒。
3. 最後灑上鹽和胡椒粉，即可完成。

SCRAMBLED EGGS
西式炒蛋

材 料

雞蛋3個、牛奶1T、橄欖油
1T、鹽適量、胡椒粉適量

作 法

1. 將雞蛋、牛奶、鹽、胡椒粉放入碗內,並用
   打蛋器攪拌均勻。

2. 平底鍋內倒入橄欖油,轉大火加熱並倒入步
   驟1。

3. 當雞蛋邊緣的部分開始凝固的時候,用筷子
   輕柔地攪拌,並迅速盛起放入盤中。

Note

雞蛋達到軟硬適中、偏熟的程度時,便能品嚐到最美味
的西式炒蛋了。

OMELET
奶香煎蛋捲

材　料

雞蛋3個、牛奶1T、橄欖油
1T、鹽適量、胡椒粉適量

作　法

1. 將雞蛋、牛奶、鹽、胡椒粉放入碗內，並用
   打蛋器攪拌均勻。
2. 平底鍋內倒入橄欖油，轉大火加熱並倒入步
   驟1。
3. 雞蛋邊緣的部分開始凝固的時候，用筷子輕
   柔地攪拌，使雞蛋聚集在平底鍋的一側。
4. 再把雞蛋對折成一半。
5. 最後小心地裝盤，即可完成。

Note

步驟4可以使用矽膠鍋鏟，對折時會更容易。

FRITTATA
義式烘蛋

材 料

雞蛋3個、牛奶 1T、帕瑪森
起司粉 30g、橄欖油1T、鹽
適量、胡椒粉適量

作 法

1. 將雞蛋、牛奶、鹽、胡椒粉放入碗內,並用
   打蛋器攪拌均勻。

2. 平底鍋內倒入橄欖油,大火加熱後,再倒入
   步驟1。

3. 當雞蛋邊緣開始凝固的時候,用筷子輕柔地
   攪拌,當蛋煮至半熟時將火調至最小。

4. 接下來灑上帕瑪森起司粉,蓋上鍋蓋讓蛋慢
   慢煎熟。

5. 最後裝盤即可完成。

Note

可以根據喜好加入喜歡的食材,
炒熟食材後再倒入步驟1的蛋
液,再繼續進行以下步驟即可。

CHAPTER 2

EGG
進階蛋料理

雞蛋是製作早午餐相當重要的一個材料，只要掌握雞蛋的料理技巧，就能做出各式各樣的豐盛早午餐。除此之外，雞蛋本身就很美味，即便只沾鹽巴吃也能讓人感動，而且還具有與任何食材都搭配的特性，例如與蘆筍、番茄和蘑菇等新鮮的蔬菜搭配，就能吃到健康與美味；而與香脆的麵包或濃湯搭配，不僅具飽足感也能讓人吃得很滿足。

SUNNYSIDE UP EGG WITH ROASTED PAPRIKA
太陽蛋佐火烤彩椒粉

材料

雞蛋1個、酪梨1個、穀物麵包1片、火烤彩椒粉適量、鹽適量、胡椒粉適量、橄欖油1T

作　法

1. 取一平底鍋，倒入橄欖油後煎一顆太陽蛋（P.18），放旁備用。
2. 將穀物麵包用烤箱或是烤麵包機烤脆，放旁備用。
3. 選擇熟透的酪梨，去果皮後切成薄片，放旁備用。
4. 將穀物麵包、太陽蛋放入盤中，並將切片酪梨擺放在旁邊。
5. 灑上適量火烤彩椒粉、鹽、胡椒粉調味，即可完成。

火烤彩椒粉

材　料

彩椒3個、鹽適量、胡椒粉適量、橄欖油3T

作　法

1. 將彩椒用直火烤至表皮變黑後，密封並放置約10分鐘，接著去掉焦黑的表皮。
2. 最後將彩椒切成方便食用的大小，放入鹽、胡椒粉、橄欖油即可完成。

OVER EASY EGG
WITH MOZZARELLA CHEESE
嫩煎蛋佐馬蘇里拉起司

材料

雞蛋1個、穀物麵包1片、小番茄3顆、羅勒5片、番茄醬100g、馬蘇里拉起司50g、鹽適量、胡椒粉適量、橄欖油1T

作法

1. 取一平底鍋，倒入橄欖油後煎一顆太陽蛋（P.18），放旁備用。

2. 烤箱以180℃預熱後，將穀物麵包放入烤脆，放旁備用。

3. 取一空盤，放入穀物麵包並淋上番茄醬，並將煎蛋放在上面。

4. 小番茄對切後放在煎蛋上，並灑上馬蘇里拉起司、鹽、胡椒粉和橄欖油。

5. 將盤子放入烤箱，烤到起司融化流下來即可，最後擺上羅勒即完成。

Note

Mozzarella因翻譯不同，有人稱為馬蘇里拉起司，也有人稱為莫札瑞拉起司。

SUNNYSIDE UP EGGS WITH MEATBALL
香煎肉丸佐太陽蛋

材料

雞蛋3個、肉丸200g、胡椒
粉適量

作 法

1. 將肉丸（請參考右頁作法）煮成半熟狀態。

2. 雞蛋放入平底鍋內，煎成太陽蛋後（P.18），
   再把步驟1的肉丸放入煎熟。

3. 最後灑上胡椒粉，即可完成。

自製肉丸

材　料

碎豬肉400g、碎牛肉400g、洋蔥200g、大蒜12g、雞蛋1/2
個、檸檬1/4個、麵包粉10g、帕瑪森起司粉5g、義大利香
芹1根、鹽適量、胡椒粉適量

作　法

1. 將洋蔥、大蒜、義大利香芹切碎。

2. 檸檬去皮後,用磨泥器磨碎。

3. 將步驟1和步驟2,以及其他食材放入打蛋盆中,攪拌
   均勻。

4. 最後揉成圓形狀,即可完成。

POACHED EGGS WITH TOMATO SAUCE
紅醬水波蛋

材　料

雞蛋5個、洋蔥20g、大蒜
3瓣、百里香2g、番茄醬
250g、橄欖油1T、水100g

作　法

1. 將洋蔥、大蒜、百里香切碎。

2. 平底鍋中倒入橄欖油，放入步驟1並炒成金黃色。

3. 再將番茄醬倒入繼續拌炒，並加入水。

4. 番茄醬上方打入雞蛋，然後轉成小火並蓋上鍋蓋。

5. 將雞蛋煮成蛋白熟、蛋黃不熟透的水波蛋，即可完成。

Note

步驟2的金黃色，是指食材表面的顏色。

BOILED EGG WITH BREAD
水煮蛋佐穀物麵包

材 料

雞蛋1個、穀物麵包2片、果
醬3T、奶油2T、鹽適量、
胡椒粉適量

作 法

1. 雞蛋水煮至半熟狀態，不要剝去蛋殼，直接
   放入蛋杯中。

2. 穀物麵包利用烤箱或烤麵包機烤脆，然後切
   成條狀。

3. 最後將步驟1和步驟2放入盤中，搭配果醬、
   奶油、鹽、胡椒粉，即可完成。

OVER EASY EGGS WITH TORTILLA
嫩煎蛋佐墨西哥薄餅

材 料

雞蛋2個、墨西哥薄餅1
張、洋蔥丁20g、香芹丁
20g、橄欖油1T、鹽適量、
胡椒粉適量

作 法

1. 平底鍋內倒入橄欖油，放入洋蔥丁並炒至金
   黃色。
2. 打入雞蛋，灑上香芹丁、鹽和胡椒粉。
3. 雞蛋半熟時，將墨西哥薄餅蓋在上面。
4. 將墨西哥薄餅翻面，使雞蛋雙面熟透。
5. 最後放入盤中，即可完成。

SCRAMBLED EGGS WITH WHITE FISH
西式炒蛋佐鮮魚肉

材 料

雞蛋3個、白肉魚200g、青
蔥1根、帕瑪森起司粉2T、
橄欖油2T、鹽適量、胡椒
粉適量、檸檬1/4個

作 法

1. 將雞蛋打入蛋盆內。
2. 白肉魚切丁、青蔥切段，放旁備用。
3. 平底鍋內倒入橄欖油，放入切好的青蔥，並炒成金黃色。
4. 將白肉魚與鹽、胡椒粉放入平底鍋內，炒成半熟狀。
5. 把步驟1倒入平底鍋內，用筷子攪拌成西式炒蛋。
6. 最後與檸檬一起放入盤中，即可完成。

SCRAMBLED EGGS WITH ZUCCHINI
西式炒蛋佐櫛瓜

材 料

雞蛋3個、櫛瓜1/4個、洋蔥
20g、大蒜3瓣、芹菜10g、
鼠尾草適量、橄欖油2T、
鹽10g、胡椒粉適量

作 法

1. 將雞蛋打入蛋盆內。

2. 將櫛瓜切絲,再將洋蔥、大蒜、芹菜、鼠尾
   草切碎,放旁備用。

3. 平底鍋內倒入橄欖油後,放入步驟2、鹽、
   胡椒粉,炒成金黃色。

4. 最後倒入步驟1,再用筷子攪拌成西式炒
   蛋,裝入盤中,即可完成。

POACHED EGG WITH HERBAL MUSHROOMS
水波蛋佐鮮菇

材 料

雞蛋1個、杏鮑菇40g、洋菇30g、平菇30g、鮮奶油50g、奶油2T、洋蔥20g、大蒜3瓣、芹菜10g、鼠尾草適量、奧勒岡適量、鹽10g、胡椒粉適量、松露油1T、西洋菜5g

作 法

1. 將雞蛋煮成水波蛋（P.22）。
2. 各種香菇切成方便食用的大小後，再將洋蔥、大蒜、芹菜、鼠尾草、奧勒岡切碎，然後放旁備用。
3. 平底鍋內放入奶油，再放入步驟2，炒成金黃色。
4. 接著放入鮮奶油，燉煮成黏稠狀。
5. 將步驟4裝入盤內，再擺上水波蛋。
6. 最後灑上鹽、胡椒粉，淋上松露油、擺上西洋菜，即可完成。

BAKED EGGS WITH CREAMY BACON
烤雞蛋佐奶油培根

材　料

雞蛋3個、培根5片、鮮奶油
30g、奶油2T、洋蔥20g、大
蒜3瓣、帕瑪森起司粉2T、
鹽適量、胡椒粉適量

作　法

1. 烤箱以200℃預熱。
2. 將洋蔥、大蒜切碎。
3. 培根放入平底鍋內，先煎熟放旁備用。
4. 把要放入烤箱的盤子塗抹奶油。
5. 將步驟2、步驟3、雞蛋放入烤盤上，再加入鮮奶油和帕瑪森起司粉、鹽、胡椒粉。
6. 最後放入烤箱裡，大約烤10～12分鐘，即可完成。

SUNNYSIDE UP EGG WITHPOTATO, CRANBERRY
太陽蛋佐蔓越莓馬鈴薯

材料

雞蛋1個、馬鈴薯2個、洋蔥1/2個、杏仁10粒、蔓越莓20g、起司60g、奶油1T、橄欖油1T、鹽適量、胡椒粉適量

作法

1. 將雞蛋煎成太陽蛋（P.18），放旁備用。
2. 馬鈴薯和洋蔥切成方便食用的大小後，煮熟放旁備用。
3. 平底鍋內加入奶油、橄欖油，再放入煮熟的馬鈴薯和洋蔥，灑上鹽和胡椒粉調味，炒成金黃色。
4. 均勻加入杏仁和蔓越莓，並灑上起司，再轉小火加熱至起司融化。
5. 最後擺上太陽蛋，即可完成。

挑選平底鍋的小祕訣

　　平底鍋的挑選非常重要，好的平底鍋必須能使食物均勻受熱、擁有絕佳的不沾鍋效果，才能使食物不沾黏、好清洗。市售以薔薇為靈感的薔薇不沾平底鍋，外型亮眼又有不沾鍋效果，而且鍋內採用天然陶瓷塗層，為您的健康把關！

↑韓國CHEF TOPF薔薇系列不沾平底鍋
26cm／NT$1,680

CLASSIC BENEDICT
經典班尼迪克蛋

材料

雞蛋2個、英式鬆餅1片、
加拿大培根2片、番茄 1/2
個、莒菜2片、鹽適量、胡
椒粉適量、荷蘭醬40g

作法

1. 雞蛋煮成水波蛋（P.22），放旁備用。
2. 英式鬆餅切成兩半後，用平底鍋或烤麵包機
   烤熱。
3. 把番茄切成薄片、莒菜切成兩半。
4. 取一平底鍋，將培根兩面慢慢煎熟。
5. 烤好的英式鬆餅上方，依序放入莒菜、番
   茄、培根、水波蛋後，再撒上鹽和胡椒粉。
6. 最後淋上荷蘭醬就完成了。

自製荷蘭醬

_____

材　料

蛋黃3個、奶油150g、白葡萄酒醋1g、白葡萄酒2g、鹽適
量、胡椒粉適量、檸檬1/4顆（打成汁）

作　法

1. 奶油放室溫軟化。

2. 鍋內放入蛋黃、白葡萄酒醋、白葡萄酒後，用打蛋器
   攪拌均勻。

3. 步驟2轉小火加熱後，再把室溫奶油放入，繼續用打蛋
   器攪拌，直到奶油完全融化。

4. 加入檸檬汁，再次用打蛋器攪拌，最後撒上鹽和胡椒
   粉來調味。

ASPARAGUS BACON BENEDICT
班尼迪克蛋佐蘆筍培根

材　料

雞蛋2個、英式瑪芬1個、蘆筍4根、培根2片、橄欖油20g、鹽適量、胡椒粉適量、荷蘭醬40g

作　法

1. 雞蛋煮成水波蛋（P.22），放旁備用。
2. 英式瑪芬一切為二，放入平底鍋或烤麵包機內加熱。
3. 平底鍋內倒入橄欖油，將培根烤脆。
4. 將蘆筍放入烤過培根的平底鍋內，灑上鹽和胡椒粉均勻拌炒。
5. 把培根、蘆筍和水波蛋，依序擺在加熱好的英式瑪芬上，再灑上少量鹽和胡椒粉調味。
6. 最後淋上荷蘭醬（P.59），即可完成。

SPINACH BENEDICH
菠菜班尼迪克蛋

材 料

雞蛋2個、英式瑪芬1個、
菠菜40g、培根2片、奶
油20g、蒜泥20g、橄欖油
20g、鹽適量、胡椒粉適
量、荷蘭醬40g

作 法

1. 雞蛋煮成水波蛋（P.22），放旁備用。

2. 英式瑪芬一切為二，放入平底鍋或烤麵包機
   內加熱。

3. 平底鍋內倒入橄欖油，將培根烤脆。

4. 將奶油和蒜泥放入烤過培根的平底鍋內，加
   入菠菜，並灑上鹽和胡椒粉調味拌炒。

5. 把菠菜、培根和水波蛋依序擺在加熱好的英
   式瑪芬上，再灑上少量的鹽和胡椒粉調味。

6. 最後淋上荷蘭醬（P.59），即可完成。

SALMON EGG BENEDICT
鮭魚班尼迪克蛋

材料

雞蛋2個、英式瑪芬1個、煙燻鮭魚2片、菊苣（萵苣）2片、紫洋蔥（切薄片）20g、酸豆20g、辣根醬20g、酸奶油20g、鹽適量、胡椒粉適量、荷蘭醬40g

作法

1. 雞蛋煮成水波蛋（P.22），放旁備用。
2. 英式瑪芬一切為二，放入平底鍋或烤麵包機內加熱。
3. 將辣根醬和酸奶油混合在一起，菊苣切成一半，放旁備用。
4. 把菊苣、紫洋蔥、步驟3的混合醬、水波蛋、煙燻鮭魚和酸豆，依序擺放在步驟2上，灑上少許鹽和胡椒粉調味。
5. 最後淋上自製荷蘭醬（P.59），即可完成。

自製酸豆

1. 將四季豆洗淨瀝乾，去頭尾並切成1/3或1/2長度後，放在玻璃瓶或小鍋子裡。
2. 水和白醋以2：1的比例放進鍋子裡燒開，趁滾燙的時候倒入玻璃瓶或小鍋子裡，水量要蓋過四季豆。
3. 等放涼後加蓋，放入冰箱冰3天即可醃製完成。

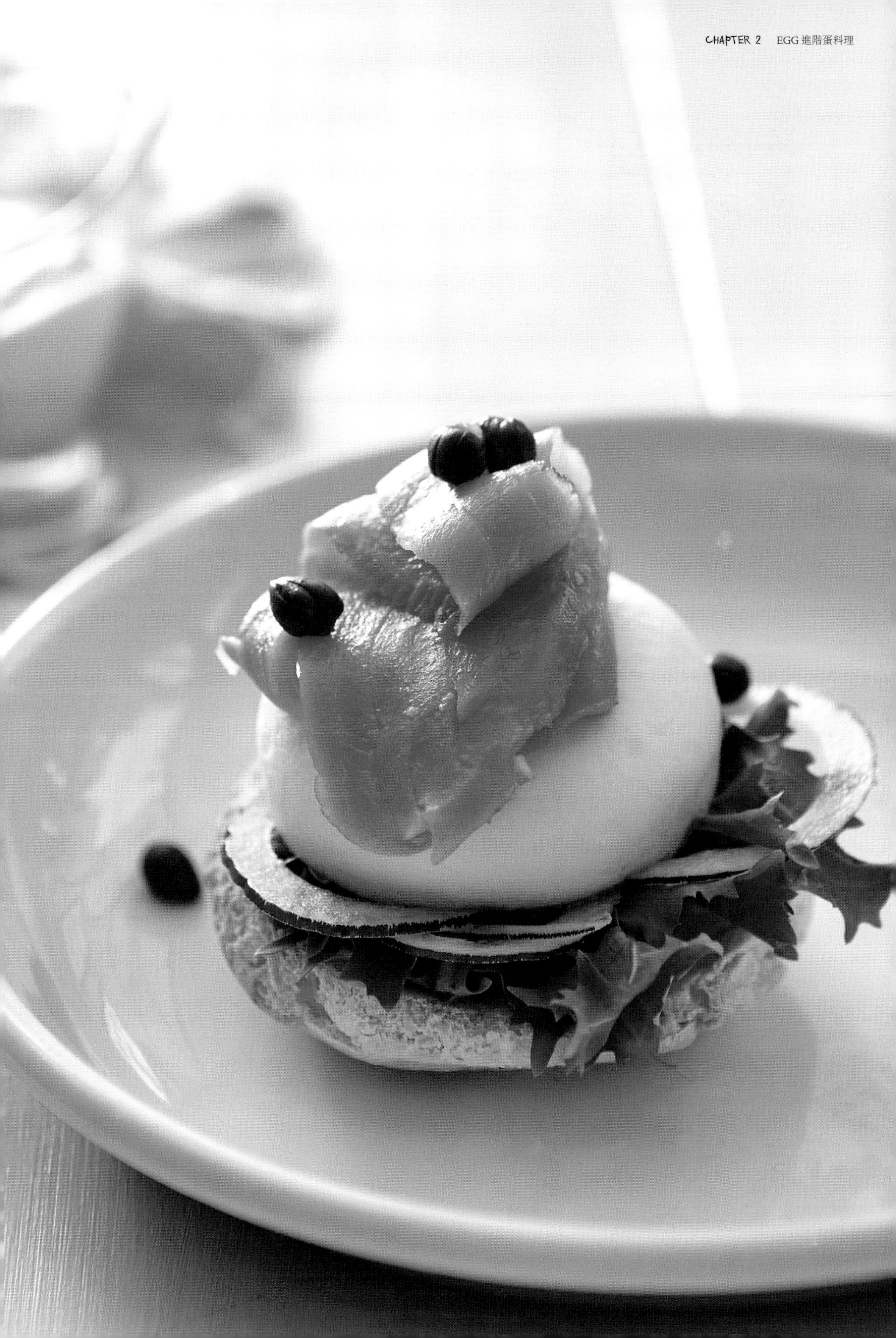

SAUSAGE CHEESE OMELET
香腸起司煎蛋捲

材料

雞蛋3個、香腸1根、切達
起司1片、牛奶1T、橄欖油
30g、鹽適量、胡椒粉適量

作 法

1. 將雞蛋打入蛋盆內,加入鹽和胡椒粉打成雞蛋液。

2. 香腸切成方便食用的大小、切達起司對切。

3. 平底鍋內倒入橄欖油,再放入香腸炒熟。

4. 起另一油鍋將步驟1倒入平底鍋內,並且用筷子輕柔地攪拌,捲成蛋捲前放入切達起司、香腸。

5. 最後將步驟4捲成蛋捲(作法參考P.30),即可完成。

THREE CHEESES OMELET
三味起司煎蛋捲

材　料

雞蛋3個、傑克起司20g、切
達起司1片、帕瑪森起司粉
15g、牛奶1T、橄欖油30g、
鹽適量、胡椒粉適量

作　法

1. 將雞蛋打入蛋盆內，並加入牛奶、鹽和胡椒
   粉打成雞蛋液。

2. 平底鍋內倒入橄欖油，放入步驟1和三種起
   司後，用筷子輕輕攪拌。

3. 最後將步驟2捲成蛋捲（作法參考P.30），即
   可完成。

TOMATO SAUCE OMELET WITH EGGPLANT
紅醬茄子煎蛋捲

材 料

雞蛋3個、茄子1/4個、番
茄1/4個、蒜泥10g、番茄醬
40g、牛奶1T、橄欖油30g、
鹽適量、胡椒粉適量

作 法

1. 將雞蛋打入蛋盆內，加入牛奶、鹽和胡椒粉
   打成雞蛋液。

2. 將番茄切成小丁塊。

3. 平底鍋內倒入橄欖油後，放入蒜泥、茄子和
   番茄炒至金黃色，再倒入番茄醬。

4. 起另一油鍋把步驟1倒入後，再用筷子輕輕
   攪拌煎熟。

5. 在蛋上方倒入步驟3的食材，捲成蛋捲（作
   法參考P.30），即可完成。

CHAPTER 3

SALAD
沙拉

沙拉是早午餐裡很常見的配料之一，任何種類的蔬菜和水果都可以成為沙拉的食材，若再搭配一些蛋白質豐富的魚類或是肉類，更可以讓沙拉的美味更加提升，可以說是製作方便、對健康有益的食物。除此之外，若是不想加沙拉醬，最簡單的作法就是在想吃的食材上灑鹽、胡椒粉或特級橄欖油等等，這樣吃也具有與眾不同的風味。

POTATAO SALAD
馬鈴薯沙拉

材　料

馬鈴薯100g、高麗菜30g、
洋蔥30g、美乃滋100g、鹽
適量、胡椒粉適量

作　法

1. 馬鈴薯切成方便食用的大小後，將其煮熟。
2. 高麗菜切成方便食用的大小、洋蔥切碎後，放旁備用。
3. 將步驟1、步驟2倒入碗中，並加入美乃滋、鹽和胡椒粉拌勻。
4. 最後放入冰箱冷藏半天，即可裝盤食用。

COLESLAW
涼拌高麗菜沙拉

材料

8人份

高麗菜1/2個、紅蘿蔔1/2個、美乃滋1400g、白醋350g、蜂蜜230g、砂糖90g、黃芥末醬15g、墨西哥辣椒汁12g

作法

1. 高麗菜切絲後，和全部食材攪拌均勻（除了紅蘿蔔），並靜置約1小時。
2. 紅蘿蔔切絲，與步驟1均勻混合。
3. 最後放入冰箱，冷藏2個小時以上，即可裝盤食用。

玻璃保鮮盒，分裝食材好方便

上班上學帶便當、郊遊野餐時，想讓食物乾濕分離，保留食物原味，絕不能錯過玻璃分格保鮮盒，甚至用它來裝沙拉等輕食也很方便。因為分格保鮮盒有絕佳的密封性，可延長食物保鮮期限，而且採強化玻璃不易破損，使用更安心！

↑ Glasslock強化玻璃分格保鮮盒920ml／NT$429

EGG SALAD
雞蛋沙拉

材　料

水煮蛋2個、培根2片、紫洋
蔥30g、菊苣（萵苣）40g、
番茄1/4個、羅曼生菜30g、
蜂蜜芥末醬30g、芥末籽醬
30g、橄欖油10g

作　法

1. 將水煮蛋、番茄、紫洋蔥切成薄片，培根、
    菊苣、羅曼生菜切成方便食用的大小。

2. 平底鍋內倒入橄欖油，再放入培根煎熟。

3. 取一空碗，放入步驟1、步驟2，再加入蜂蜜
    芥末醬、芥末籽醬攪拌均勻，最後裝盤即可
    完成。

Note

蜂蜜芥末醬、芥末籽醬的製作方法，請參考P.105。

CHICKEN BREAST SALAD
雞胸肉沙拉

材　料

水煮雞胸肉50g、紫洋蔥
30g、菊苣（萵苣）40g、羅
曼生菜30g、杏仁7顆、蔓越
莓10g、美乃滋30g、蜂蜜芥
末醬30g、芥末籽醬30g

作　法

1. 水煮雞胸肉冷卻後，用手撕成條狀。
2. 將紫洋蔥切成薄片、菊苣和羅曼生菜切成方便食用的大小。
3. 將杏仁放入沒有油的平底鍋內輕炒。
4. 取一空碗，倒入步驟1、步驟3，並加入美乃滋攪拌均勻。
5. 最後將步驟2倒入步驟4內，再加入蜂蜜芥末醬、芥末籽醬攪拌均勻，裝盤即可食用。

SPINACH SALAD
菠菜沙拉

材 料

菠菜80g、菲達起司20g、綠
橄欖10顆、黑橄欖10顆、
蜂蜜10g、雪莉醋3g、蒔蘿
（茴香）1根、特級橄欖油
50g、鹽適量、胡椒粉適量

作 法

1. 蒔蘿切成約3cm的長度。

2. 將菠菜以外的食材混合在一起，放入冰箱冷
   藏2個小時左右。

3. 取一空盤，先舖上菠菜後，再放上蒔蘿。

4. 最後把剩下的材料，均勻淋在沙拉上面，即
   可完成。

COBB SALAD
柯布沙拉

---✁---

材　料

水煮蛋3個、培根3片、番茄
1/2個、黃瓜1/2個、黑橄欖
20顆、菊苣（萵苣）40g、
羅曼生菜30g、傑克起司
50g、橄欖油5g、田園沙拉
醬100g

作　法

1. 水煮蛋、番茄、菊苣、羅曼生菜、培根，切
   成方便食用的大小。
2. 黃瓜去籽後，切成方便食用的大小。
3. 黑橄欖對半切開。
4. 平底鍋內倒入橄欖油後，放入培根煎熟。
5. 取一空盤，放入菊苣和羅曼生菜後，再把其
   他食材放在上面。
6. 最後搭配田園沙拉醬，即可完成。

Note

田園沙拉醬的製作方法，請參考P.105。

TOMATO SALAD
番茄沙拉

材 料

大番茄2個、聖女番茄5
顆、圓形小番茄3顆、羅勒
葉8片、特級橄欖油50g、鹽
適量、胡椒粉適量

作 法

1. 將大番茄切成薄片，聖女番茄及圓形小番茄
   切成二等分。
2. 羅勒葉切絲，放旁備用。
3. 取一空盤，將切好的所有番茄放入，灑上特
   級橄欖油、鹽和胡椒粉。
4. 接著放入羅勒葉裝飾。
5. 最後再灑上少許胡椒粉，即可完成。

歐美流行罐沙拉，輕鬆帶著走

　　歐美流行的罐沙拉，只要將沙拉放到玻璃罐
裡，就能輕鬆帶著走，隨時補充缺少的蔬果營養素。
挑選玻璃罐時可是有訣竅的，建議選擇密封性佳、廣
口瓶身罐，這樣才不易殘留異味及色漬，而且易於清
洗。坊間有手柄、無手柄兩種款式可選擇，若選擇附
手柄款式還可當馬克杯使用呢！

↑ Glasslock玻璃經典附手柄密封罐500ml／NT$249

SUMMER SALAD
夏日沙拉

材 料

麵包4塊、番茄1個、黃瓜1/2個、紫洋蔥1/4個、酸豆30g、芹菜15g、綠橄欖10顆、黑橄欖5顆、羅勒葉3片、特級橄欖油40g、鹽適量、胡椒粉適量、雪莉醋10g、橄欖油10g

作 法

1. 麵包灑上橄欖油、鹽和胡椒粉後,放入平底鍋或烤箱內烤脆。

2. 將番茄、黃瓜和紫洋蔥,切成方便食用的大小,放旁備用。

3. 將芹菜切絲,黑橄欖、綠橄欖用手捏碎。

4. 烤好的麵包放冷卻後,用手撕成方便食用的大小。

5. 最後將步驟1～4放入空碗內,再放入酸豆(P.64),並灑上特級橄欖油、鹽、胡椒粉、雪莉醋攪拌均勻,擺盤即可完成。

Note

雪莉醋風味清新,很適合用來搭配沙拉食用,可至進口食材行或網路購得。

APPLE SALAD
蘋果沙拉

材 料

蘋果1個、菊苣（萵苣）
40g、羅曼生菜30g、蔓越莓
乾30g、花生30g、白葡萄酒
醋10g、蜂蜜20g、狄戎芥末
醬5g、特級橄欖油50g

作 法

1. 蘋果切成薄片，菊苣和羅曼生菜切成方便食用的大小。
2. 花生放入平底鍋內輕炒後，再用刀背壓碎。
3. 將白葡萄酒醋、蜂蜜、狄戎芥末醬和特級橄欖油混合在一起，做成沙拉醬。
4. 把步驟1、步驟3，倒入碗中攪拌均勻。
5. 裝盤灑上碎花生、蔓越莓乾，即可食用。

Note

狄戎芥末醬又稱為法式芥末醬，可以在進口食材行或網路購得。

MEDITERRANEAN SALAD
WITH FETA CHEESE
地中海沙拉佐菲達起司

材　料

菲達起司50g、紫洋蔥1/4
個、彩椒1/2個、芹菜30g、
綠橄欖10顆、羅勒粉適
量、百里香粉適量、特級
橄欖油40g、鹽適量、胡椒
粉適量

作　法

1. 將紫洋蔥、彩椒和芹菜切絲。

2. 步驟1倒入碗內，並加入綠橄欖、羅勒、百
   里香後，灑上特級橄欖油、鹽和胡椒粉攪拌
   均勻。

3. 沙拉擺盤後，再將菲達起司擺在最上面，即
   可完成。

ORANGE SHRIMP SALAD
橙汁奶油蝦沙拉

材 料

柳橙1個、大蝦3隻、室溫奶
油30g、特級橄欖油20g、鹽
適量、胡椒粉適量、荷蘭
芹5g

作 法

1. 將柳橙去皮後，切成薄片鋪墊在盤子上。
2. 柳橙上面淋上特級橄欖油，再灑上少許鹽。
3. 將大蝦中間切開，放在預熱好的烤盤上，將前後烤成金黃色。
4. 烤好後的大蝦移到平底鍋內，並塗抹上室溫奶油，再轉大火使奶油迅速融入蝦肉內。
5. 最後把大蝦放在步驟2上，灑上胡椒粉和荷蘭芹，即可完成。

WARM VEGETABLE SALAD WITH PARMESAN CHEESE
炒鮮蔬沙拉佐帕瑪森起司

材　料

櫛瓜1/2個、茄子1個、洋蔥
1/2個、芝麻菜5片、帕瑪森
起司粉30g、橄欖油30g、鹽
適量、胡椒粉適量

作　法

1. 將櫛瓜、茄子和洋蔥切成方便食用的大小。

2. 平底鍋內倒入橄欖油後放入步驟1，並灑上
   鹽和胡椒粉後炒成金黃色。

3. 最後將芝麻菜鋪在盤子上，倒入步驟2並灑
   上帕瑪森起司粉，即可完成。

TOMATO SALAD WITH CHORIZO
番茄沙拉佐西班牙臘腸

材　料

西班牙臘腸1/4個、小番茄8
顆、洋蔥1/4個、大蒜3瓣、
義大利香芹5根、雪莉醋
10g、橄欖油30g、特級橄欖
油10g、鹽適量、胡椒粉適
量

作　法

1. 西班牙臘腸切段後，放旁備用。

2. 平底鍋內倒入橄欖油後，再放入西班牙臘腸
   炒熟。

3. 炒熟後的西班牙臘腸，灑上雪莉醋，使其香
   氣入味。

4. 將小番茄、洋蔥切成方便食用的大小，大蒜
   切片、義大利香芹切碎。

5. 步驟4（除了義大利香芹）倒入碗內，淋上
   特級橄欖油後，灑上鹽和胡椒粉調味。

6. 最後把放涼的步驟3、義大利香芹倒入步驟5
   中，裝盤即可完成。

Note

西班牙臘腸可至進口超市，或網路購得。

FRIED CHICKEN SALAD
炸雞塊沙拉

材料

雞胸肉100g、炸物粉（麵包粉）100g、炸物用中筋麵粉30g、水170g、炸物用油2杯、小番茄4～5顆、菊苣（萵苣）40g、羅曼生菜30g、蜂蜜芥末醬50g、橄欖油40g、鹽適量、胡椒粉適量

作法

1. 炸物用油先以180℃預熱。
2. 在炸物麵粉中加入橄欖油、鹽、水後，攪拌成麵糊。
3. 將雞胸肉、小番茄、菊苣和羅曼生菜，切成方便食用的大小。
4. 先將雞胸肉沾滿炸物用中筋麵粉，再輕輕抖動掉一些。
5. 步驟4沾滿步驟2的麵糊後，放入預熱好的油鍋內，炸3～4分鐘。
6. 將炸好的雞胸肉撈出，放在常溫下靜置約1分鐘左右。
7. 取一空盤，擺上步驟3的蔬菜後，再將炸好的雞胸內擺上，最後配上蜂蜜芥末醬，即可完成。

Note

蜂蜜芥末醬的製作方法，請參考P.105。

CAPRESE WITH EGGS
卡布里蛋沙拉

材 料

大番茄1個、新鮮馬蘇里拉
起司100g、水煮蛋1個、綠
橄欖6顆、黑橄欖5顆、番茄
乾4個、青醬15g、羅勒葉5
片、特級橄欖油30g、鹽適
量、胡椒粉適量

作 法

1. 將水煮蛋切成六等分、番茄切五刀（切開但
   不切斷）、新鮮馬蘇里拉起司切成五等分。

2. 羅勒葉切絲後，放旁備用。

3. 將馬蘇里拉起司，塞進剛才切的番茄刀縫間
   （等分可依所選的番茄大小而有不同）。

4. 將步驟3和剩下的水煮蛋、橄欖、番茄乾擺
   盤後，淋上特級橄欖油。

5. 羅勒擺在番茄、馬蘇里拉起司上面。

6. 最後灑上鹽和胡椒粉，即可完成。

Note

番茄乾可在各大賣場或是網路購得。

芥末籽醬

材　料

特級橄欖油、白葡萄酒醋、砂糖

作　法

將材料依順序，按照3：1：1的比例攪拌均勻，即可完成。

蜂蜜芥末醬

材　料

黃芥末醬60g、美乃滋300g、白葡萄酒醋6g、牛奶100g、砂糖90g

作　法

將食材倒入碗內攪拌均勻，即可完成。

田園沙拉醬

材　料

洋蔥40g、芹菜20g、美乃滋150g、酸奶油70g、白葡萄酒醋30g、蜂蜜13g、牛奶60g、荷蘭芹適量、鹽適量

作　法

1. 將洋蔥和芹菜切碎，放旁備用。

2. 將步驟1和其他食材，倒入碗內，並充分的攪拌均勻。

3. 放入冰箱冷藏2小時以上，使其發酵即完成。

CHAPTER 4

SOUP
濃湯

濃湯是不論什麼季節都適合喝的湯類，而且製作方式非常簡單，只要將食材打成泥或是切成小塊熱炒，再用大火慢慢燉煮即可。常見的食材例如馬鈴薯、地瓜、紅蘿蔔等都很適合燉煮成濃湯，只要放進水裡煮開，讓食材融合在一起，就能煮出又濃又香的味道。這樣煮出來的味道，再配上其他的食材，還能創造出更豐富的口感，例如紅蘿蔔濃湯若是搭配大蒜，可以讓味道吃起來很清爽呢！

CARROT SOUP WITH NUTMEG
紅蘿蔔奶油濃湯

材 料

4～5人份

紅蘿蔔500g、洋蔥150g、
米30g、鹽適量、胡椒粉適
量、肉荳蔻適量、鮮奶油
120g、水1100g

作 法

1. 先將紅蘿蔔、洋蔥,切成方便食用的大小。

2. 米洗乾淨後,浸泡在冷水中30分鐘。

3. 取一空鍋,加入步驟1、步驟2,以及水、
   鹽、胡椒粉、肉荳蔻,煮到熟為止。

4. 把煮好的步驟3,倒入攪拌機中打成泥。

5. 再倒回鍋中以小火煮沸,並放入鹽來調味。

6. 最後加入鮮奶油,調整濃度和味道即完成。

Note

製作濃湯的大部分食材,都是要打成泥後燉煮,所以稍
不留意就會太濃稠或太稀,因為根據使用的食材不同,
會產生的水分也不同。其實只要在最後快完成的階段,
加入鮮奶油或是水,再用湯匙撈一下,如果濃湯可以順
滑地流淌,就表示濃度恰到好處。

GARLIC POTATO SOUP
蒜味馬鈴薯濃湯

材 料

4～5人份

大蒜20g、馬鈴薯4個、鹽2T、胡椒粉適量、月桂葉1片、鮮奶油30g、水1000g、羅勒油5g、五香火腿少許

作 法

1. 大蒜用水煮5分鐘後，撈起去除水分。馬鈴薯切成方便食用的大小。

2. 鍋中加入水和步驟1，再放入月桂葉、鹽、胡椒粉煮至沸騰，直到馬鈴薯煮熟為止。

3. 將步驟2倒入攪拌機內打成泥。

4. 打好的泥重新倒回鍋中，以小火煮沸，並放入鹽調味。

5. 接著加入鮮奶油來調整濃度和味道。

6. 濃湯裝碗後，灑上羅勒油、五香火腿，即可完成。

Note

使用攪拌機打泥時，請根據濃度來增減水的用量。

TOMATO EGG SOUP
番茄水波蛋濃湯

材料

雞蛋1個、番茄醬200g、洋蔥20g、大蒜1瓣、橄欖油15g、鹽適量、胡椒粉適量、荷蘭芹葉1根、水100g

作法

1. 將雞蛋煮成水波蛋（P.22），放旁備用。

2. 洋蔥、大蒜切碎後，一起放入攪拌機裡，打成泥狀。

3. 平底鍋內倒入橄欖油，然後放入步驟2炒成金黃色。

4. 繼續加入番茄醬拌炒5分鐘。

5. 接著加入水，調整湯的濃度。

6. 取一空碗，盛裝濃湯後再放入水波蛋，最後灑上鹽、胡椒粉，擺上荷蘭芹葉即可。

CHEESE POTATO SOUP
起司馬鈴薯濃湯

材　料

4～5人份

馬鈴薯700g、洋蔥1顆半、
卡門伯特起司1/3個、鹽
1T+1t、胡椒粉適量、橄欖
油15g、鮮奶油20～30g、水
1000g

作　法

1. 將馬鈴薯和洋蔥，切成方便食用的大小。

2. 鍋內倒入橄欖油，放入步驟1、鹽、胡椒
   粉，炒成金黃色。

3. 接者加入水，煮沸直到馬鈴薯全熟。

4. 馬鈴薯煮熟後，再加入起司繼續煮。

5. 將步驟4倒入攪拌機打成泥。

6. 打好泥後再倒回鍋內以小火煮沸，加入鮮奶
   油調整濃度和味道，即可完成。

Note

• 步驟6請依喜好調整濃度，來增減鮮奶油的用量。

• 可以根據喜好，選擇要不要放鹽。

• 這個濃湯使用的起司，約為125g。

BEEF TOMATO SOUP
牛肉番茄濃湯

材 料

8～10人份

牛臀肉300g、培根100g、紅
蘿蔔1個、洋蔥2個、大蒜
100g、罐頭番茄 800g、月
桂葉1片、鹽適量、胡椒粉
適量、傑克起司10g、橄欖
油20g、水150g

作 法

1. 將培根、紅蘿蔔、洋蔥，切成方便食用的大
   小，放旁備用。

2. 壓力鍋內倒入橄欖油後，放入培根和大蒜炒
   成金黃色。

3. 繼續加入紅蘿蔔和洋蔥，以大火拌炒10～15
   分鐘。

4. 蔬菜變成金黃色後，加入罐頭番茄、水、牛
   臀肉和月桂葉，轉至中火並蓋上鍋蓋繼續煮
   10～15分鐘。

5. 打開壓力鍋後，用手將大塊的牛臀肉撕成小
   碎塊。

6. 把撕好的牛臀肉，再倒回壓力鍋中，以小火
   燉煮。

7. 最後將濃湯裝碗，並灑上傑克起司。

Note

• 傑克起司可以在Costco購買到，若是買不到也可用一般
  起司代替。

• 牛臀肉的特色是肉質偏硬、油脂較少、牛肉味重，很
  適合用來燉煮濃湯。讀者也可依個人喜好，自行選擇
  喜愛的牛肉部位烹調。

CHEESE SHELLFISH SOUP
起司蛤蜊湯

材 料

蛤仔50g、蛤仔高湯150g、荷蘭芹1根、大蒜1瓣、鹽5g、橄欖油15g、白葡萄酒10g、帕達諾起司粉10g、水200g

作 法

1. 烤箱先以230℃預熱。

2. 鍋內倒入5g橄欖油，加入蛤仔拌炒後倒入水，當蛤仔快熟的時候，將蛤仔和高湯分隔開來。

3. 荷蘭芹、大蒜和鹽一起切碎，放旁備用。

4. 平底鍋內倒入橄欖油後，將步驟3、蛤仔加入鍋內，拌炒至金黃色時，倒入白葡萄酒繼續拌炒。

5. 將蛤仔高湯倒入步驟4並煮開。

6. 將湯裝碗後，灑上帕達諾起司粉。

7. 最後放入烤箱，直到起司烤到變黃變脆，即可完成。

Note

• 蛤仔高湯是指將煮好30分鐘後的蛤仔與湯水分離後，放涼使用。

• 步驟5的蛤仔高湯，是從步驟2裡分離出來的湯水。

CHAPTER 5

QUICK BREAD
快烤麵包

麵包其實有很多種類，大部分的麵包需要經過長時間的發
酵、整形等一連串動作，才能送入烤箱。但是本單元介紹的麵
包是「快烤麵包」，不僅麵糰製作容易，而且馬上就可以放入
烤箱，吃起來也很有飽足感，是很適合與雞蛋料理、濃湯搭配
的早午餐。

CORN BREAD
玉米麵包

雞蛋4個、牛奶40g、低筋麵
粉120g、玉米粉120g、泡打
粉10g、砂糖100g、食用油
20g、奶油100g

作　法

1. 烤箱以180℃預熱。
2. 攪拌盆內放入奶油以外的食材，利用攪拌器攪拌均勻。
3. 將奶油放入微波爐軟化，再放入步驟2繼續攪拌。
4. 用湯匙盛出麵糊，放在烤盤上。
5. 將烤盤放入烤箱烤約23分鐘，即可完成。

POPOVER
約克夏布丁麵包

✂

材 料

雞蛋3個、牛奶260g、中筋
麵粉140g、鹽適量、胡椒粉
適量、奶油20g

作 法

1. 烤箱以260℃預熱,並放入瑪芬烤盤或約克
   夏布丁烤盤。

2. 攪拌盆內放入室溫保存的雞蛋、鹽和胡椒
   粉,攪拌均勻直到無結塊。

3. 牛奶加溫後,分成3次倒入步驟2,輕柔地攪
   拌均勻。

4. 接著再加入中筋麵粉,攪拌至無結塊。

5. 接下來在預熱好的烤盤內,各加入約7分滿
   的麵糊。

6. 將烤箱溫度調整至200℃,烤約25分鐘後,
   再調整至180℃烤約15分鐘,即可完成。

BUSCUIT
比司吉

材 料

低筋麵粉520g、泡打粉
11g、食用小蘇打粉9g、鹽
8g、砂糖8g、奶油200g、牛
奶330g

作 法

1. 烤箱以200℃預熱。

2. 奶油放室溫軟化，當用手觸摸時，軟軟的即
   可使用。

3. 攪拌盆內放入牛奶以外的全部食材，並用手
   揉搓成麵糰。

4. 步驟3的麵糰，要揉成用手握的時候，能成
   糰後又馬上散開的狀態。

5. 步驟4內加入牛奶後攪拌均勻，並且再次揉
   成麵糰。

6. 麵糰用比司吉模壓出形狀後，放入預熱好的
   烤箱內烤約20分鐘，即可完成。

PLANE SCORN
原味司康

材 料

低筋麵粉300g、鹽1g、砂糖
50g、泡打粉8g、雞蛋1個、
牛奶85g、奶油50g

作 法

1. 烤箱以230℃預熱。

2. 奶油放室溫軟化,當用手觸摸時,軟軟的即
   可使用。

3. 攪拌盆內放入牛奶和雞蛋以外的全部食材,
   並用手揉搓。

4. 步驟3的麵糰,要揉成用手握的時候,能成
   糰後又馬上散開的狀態。

5. 步驟4內加入牛奶和雞蛋並攪拌均勻,並揉
   成麵糰。

6. 麵糰用司康模壓出形狀後,放入預熱好的烤
   箱內烤約13分鐘,即可完成。

Note

司康是點心類較不容易失敗的料理,因為加入的食材簡
單、製作過程也不繁瑣,就算第一次做點心的人,也能
快速上手。烤好的司康,散發出濃濃的奶油香氣,外脆
內嫩的口感,絕對能讓人一口接一口停不下來。

HAM&CHEESE SCORN
火腿起司司康

材　料

低筋麵粉300g、鹽1g、砂糖50g、泡打粉8g、雞蛋1個、牛奶50g、奶油50g、鮮奶油50g、火腿100g、切達起司100g

---

作　法

1. 烤箱以230℃預熱。
2. 奶油放室溫軟化，當用手觸摸時，軟軟的即可使用。接著將雞蛋打成蛋液，放旁備用。
3. 攪拌盆內放入牛奶、雞蛋以外的全部食材，並用手揉搓成麵糰。
4. 步驟3的麵糰，要揉成用手握的時候，能成糰後又馬上散開的狀態。
5. 步驟4內加入牛奶和雞蛋，攪拌均勻並加入火腿、起司揉成麵糰。
6. 麵糰用司康模壓出形狀後，放入預熱好的烤箱內烤約13分鐘，即可完成。

BUTTER MUFFIN
奶油瑪芬

材 料

奶油250g、砂糖250g、雞蛋
2個、低筋麵粉375g、泡打
粉5g、牛奶80g

作 法

1. 烤箱以160℃預熱。
2. 奶油放室溫軟化，當用手觸摸時，軟軟的即可使用。
3. 攪拌盆內放入奶油、砂糖，攪拌均勻。
4. 將砂糖、低筋麵粉、泡打粉攪拌均勻。
5. 將步驟3與步驟4混合均勻，放旁備用。
6. 雞蛋打散後，與牛奶攪拌均勻。
7. 將步驟6倒入步驟5內，製作出麵糊。
8. 瑪芬烤盤上墊好紙模後，各加入約8分滿的麵糊並放入烤箱烤約20分鐘，即可完成。

BLUEBERRY MUFFIN
藍莓瑪芬

材 料

奶油250g、砂糖250g、雞蛋
2個、低筋麵粉375g、泡打
粉5g、牛奶20g、藍莓100g

作 法

1. 烤箱以160℃預熱。
2. 奶油放室溫軟化，當用手觸摸時，軟軟的即可使用。
3. 攪拌盆內放入奶油、砂糖，攪拌均勻，放旁備用。
4. 將砂糖、低筋麵粉和泡打粉攪拌均勻。
5. 將步驟3與步驟4混合均勻，放旁備用。
6. 雞蛋打散後，與牛奶攪拌均勻。
7. 將步驟6倒入步驟5內，製作出麵糊。
8. 最後加入藍莓輕柔地攪拌，小心不要讓藍莓碎掉。
9. 瑪芬烤盤上墊好紙模後，各加入約8分滿的麵糊後，放入烤箱烤約20分鐘，即可完成。

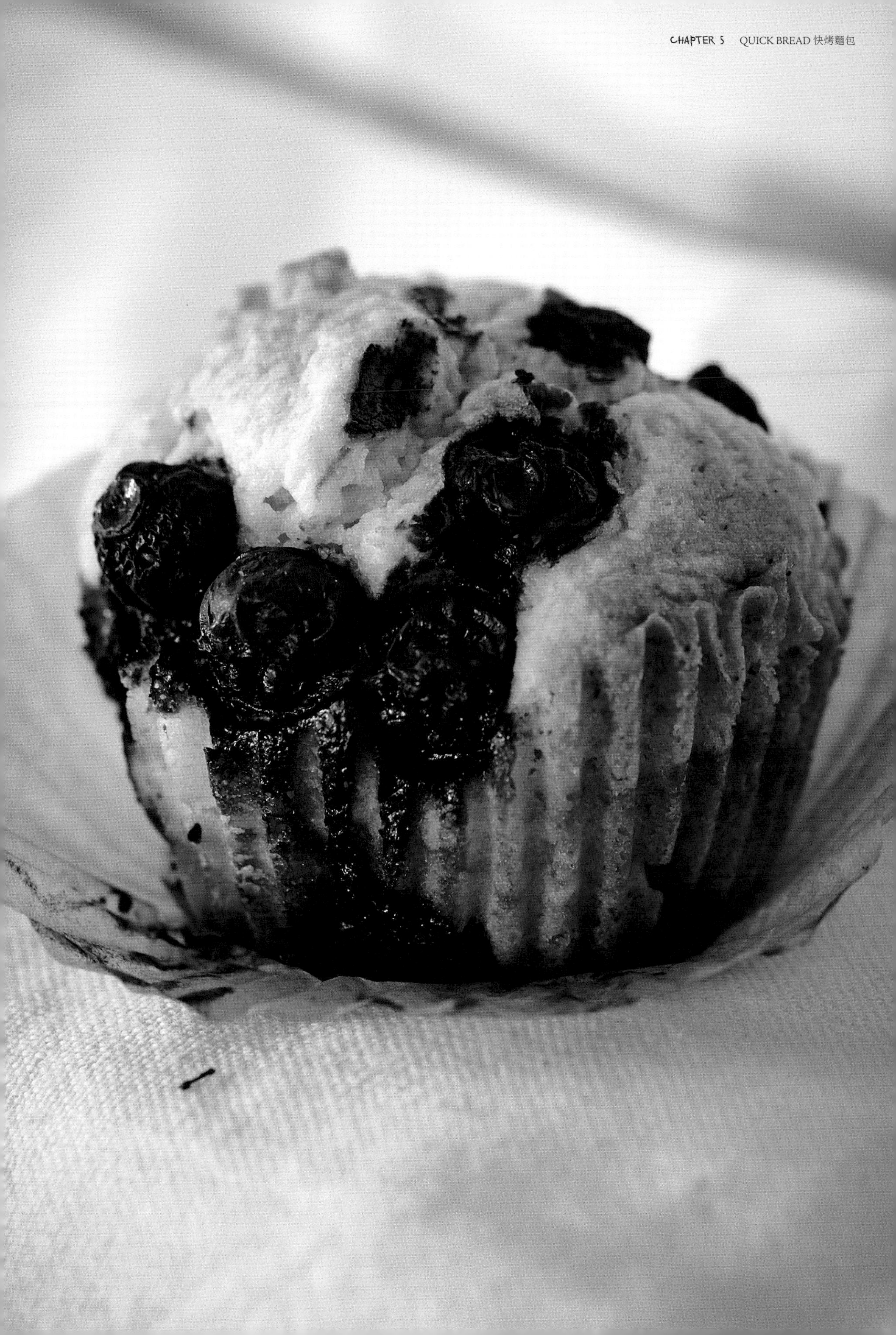

CHAPTER 6

SANDWICH
三明治

三明治是將麵包與各種蔬菜食材，按照喜好組合而成的料理，營養均衡、美味、具飽足感，是非常受歡迎的料理。通常我在製作料理的時候會先構思一下，讓腦海中浮現出要使用的食材才開始製作，主要目的是在想像料理製作出來的味道，這個動作運用在做三明治的時候更是特別重要。因為三明治的優劣評價，取決於它第一口吃下去的味道，因此本單元我會介紹出各種我已經搭配好食材，受許多人歡迎的美味三明治。

BACON PANINI
培根帕尼尼

材 料

帕尼尼1個、培根4片、番茄
1/2個、橄欖油10g

作　法

1. 將帕尼尼中間切成兩片、番茄切薄片，放旁備用。

2. 平底鍋內倒入橄欖油，再放入培根煎熟、煎脆，放旁備用。

3. 煎過培根的平底鍋裡，再放入帕尼尼，並將正反面煎烤至金黃色。

4. 取出一片帕尼尼，把培根和番茄擺在上面，再將另一片帕尼尼蓋在上面。

5. 最後放在已加熱的烤盤上用手輕壓，使正反面烤至酥脆即可。

Note

帕尼尼又稱為義大利三明治，是指熱壓式的三明治，一般來說用吐司或義式麵包，夾好餡料再放入專門做帕尼尼的烘烤機上，加熱壓烤就能製作出來。若是沒有製作帕尼尼的機器，也可以用橫條紋的烤盤來烤，再用鍋鏟或重物壓著，讓吐司表面出現紋路、變酥脆即可。

GRILLED CHEESE SANDWICH
烤起司三明治

材　料

麵包2片、切達起司2片、馬
蘇里拉起司50g、艾曼托起
司3片、葛瑞爾起司2片、奶
油20g、橄欖油10g

作　法

1. 預熱好的烤盤上倒入橄欖油，並放入奶油。
2. 將麵包放入，正反面烤至酥脆。
3. 把起司一層層的放在一片麵包上。
4. 蓋上另一片麵包後，放入烤盤用手輕壓，直到起司全部烤軟。
5. 起司烤至可以順滑地流下來，即可完成。

Note

若是買不到這麼多種類的起司，也可以用一般的起司片
即可，想吃的量依自己的喜好來放入。

GRILLED CHEESE SANDWICH WITH SPRING ONION
青蔥烤起司三明治

材 料

麵包2片、青蔥1根、切達起
司2片、馬蘇里拉起司60g、
艾曼托起司3片、奶油20g、
橄欖油20g

作 法

1. 將青蔥切成蔥花，並炒成金黃色。

2. 預熱好的烤盤上倒入橄欖油，並加入奶油。

3. 將麵包的正反面烤至酥脆。

4. 把蔥花、起司一層層的舖在一片麵包上。

5. 蓋上另一片麵包後，放入烤盤用手輕壓，直
   到起司全部烤軟。

6. 起司烤至可以順滑地流下來，即可完成。

CUCUMBER EGG SANDWICH
黃瓜雞蛋三明治

材 料

吐司3片、水煮蛋3個、小黃
瓜1/2個、美乃滋100g、鹽
適量、胡椒粉適量

作 法

1. 將水煮蛋壓碎，加入美乃滋50g拌勻後，再
   以鹽、胡椒粉調味。

2. 小黃瓜用削皮器切成薄片，並灑上一些鹽來
   醃製。

3. 醃製的小黃瓜若有出水現象，請用廚房紙巾
   去除水分。

4. 將三片吐司塗抹上美乃滋。

5. 第一片吐司上方，平整舖上步驟1。

6. 第二片吐司上，請一層層的擺上已去除水分
   的小黃瓜。

7. 將最後一片吐司放在最上層。

8. 最後切掉吐司的四個邊，裝盤即可完成。

NUTELLA BANANA BRIOCHE
榛果巧克力香蕉布里歐

布里歐吐司2片、香蕉1/2
個、榛果巧克力醬2T、奶
油20g

作　法

1. 香蕉切片，放旁備用。

2. 把兩片布里歐吐司，均勻塗抹上奶油。

3. 將布里歐放入烤箱中，正反面烤至金黃色。

4. 烤成酥脆的布里歐，塗抹榛果巧克力醬，放
   上香蕉即可完成。

Note

布里歐是法式奶油麵包，因為是重奶油的麵包，因此麵
糰很柔軟又美味。

EGG BACON SANDWICH
雞蛋培根三明治

材 料

麵包（或吐司）2片、水煮
蛋3個、培根1/2片 、薄片
紫洋蔥4片、美乃滋60g、蜂
蜜芥末醬10g、鹽適量、胡
椒粉適量

作 法

1. 將水煮蛋壓碎，加入美乃滋50g拌勻，再以
   鹽、胡椒粉調味。

2. 平底鍋內放入培根，烤熟後再切成方便食用
   的大小。

3. 步驟1內加入培根、紫洋蔥、蜂蜜芥末醬，
   攪拌均勻。

4. 麵包內側塗抹剩餘的美乃滋。

5. 最後在麵包上方放入步驟3，再放入帕尼尼
   機裡烤至酥脆。

Note

若是沒有製作帕尼尼的機器，也可以用橫條紋的烤盤來
烤，再用鍋鏟或重物壓著，讓麵包或吐司表面出現紋
路、變酥脆即可。

CHICKEN BREAST CRANBERRY SANDWICH
雞胸肉蔓越莓三明治

材　料

麵包2片、煮熟雞胸肉70g、
番茄1/2個、洋蔥20g、菊
苣（萵苣）3片、蔓越莓乾
10g、杏仁20g、鹽適量、胡
椒粉適量、美乃滋80g

作　法

1. 將番茄切片、洋蔥切丁，杏仁用廚房紙巾包
   好後，再用刀背壓碎。
2. 用手將煮熟的雞胸肉撕碎。
3. 碗內放入所有食材攪拌均勻，再以鹽和胡椒
   粉調味。
4. 麵包內側塗抹上美乃滋。
5. 最後墊上菊苣、番茄，再加入步驟3後，放
   入帕尼尼機裡烤至酥脆。

Note

若是沒有製作帕尼尼的機器，也可以用橫條紋的烤盤來
烤，再用鍋鏟或重物壓著，讓麵包或吐司表面出現紋
路、變酥脆即可。

CHICKEN WRAP SANDWICH
培根雞肉捲

材　料

墨西哥薄餅1片、煮熟雞胸
肉120g、培根2片、番茄1/2
個、紫洋蔥30g、羅曼生菜5
片、蜂蜜芥末醬20g、田園
沙拉醬20g、鹽適量、胡椒
粉適量、橄欖油20g

作　法

1. 將雞胸肉切成方便食用的大小、番茄和紫洋
   蔥切丁、培根煎熟，放旁備用。

2. 平底鍋內倒入橄欖油，再放入雞胸肉拌炒，
   並以鹽、胡椒粉調味。

3. 墨西哥薄餅上面先放羅曼生菜，再加入步驟
   2，然後淋上蜂蜜芥末醬、田園沙拉醬。

4. 最後放上番茄、紫洋蔥和培根，捲成雞肉捲
   即完成。

FRENCH TOAST
法式吐司

材料

麵包3個（或吐司2片）、
雞蛋2個、牛奶30g、砂糖
25g、香蕉1個、杏仁7顆、
奶油30g、砂糖粉適量

作法

1. 碗內打入雞蛋，加入牛奶和砂糖20g後，攪拌均勻。

2. 將麵包浸泡在步驟1裡。

3. 香蕉切片後，放旁備用。

4. 平底鍋內放入奶油，待溶化後放入步驟2，轉中火直至麵包熟透。

5. 麵包熟透後，調整至大火，將麵包外皮烤至酥脆，取出放旁備用。

6. 烤過麵包的平底鍋內，再加入香蕉、杏仁和砂糖5g，炒成像焦糖一樣的黏糊狀。

7. 最後將步驟5、步驟6擺盤，灑上砂糖粉即可完成。

CROQUE MONSIEUR/CROQUE MADAM
庫克先生／庫克太太三明治

材 料

穀物麵包或吐司3片、火腿
2片、傑克起司50g、麵粉
10g、牛奶100g、奶油10g、
鹽適量、胡椒粉適量、砂
糖適量

作 法

1. 烤箱以180℃預熱。

2. 將麵粉、奶油、牛奶和砂糖攪拌均勻，放入
   平底鍋裡煮成白醬。

3. 穀物麵包（或吐司）放入烤箱或烤麵包機裡
   烤脆，放旁備用。

4. 平底鍋內，放入火腿並將正反面煎熟。

5. 將白醬塗抹於吐司上，舖上火腿後，再蓋上
   第2片吐司，繼續放上火腿、蓋上第3片吐司
   後，最上層放傑克起司，然後放入烤箱烤至
   起司融化，庫克先生三明治就完成了。

6. 庫克太太三明治的步驟1～4同上，但步驟5
   上方再放入一顆太陽蛋，然後灑上鹽、胡椒
   粉即可。

Note
- 如果沒有傑克起司，使用一般起司也可以。
- 庫克先生、庫克太太是法國的傳統三明治，主要是用
  兩片吐司、火腿、起司、白醬當材料，最後灑上起司
  放入烤箱，烘烤至起司融化即可。最後的步驟將太陽
  蛋放在吐司最上方，便稱為庫克太太三明治，反之沒
  有放上太陽蛋的吐司，即為庫克先生三明治。

OPEN SANDWICH WITH AVOCADO
酪梨三明治

材料

麵包1塊、酪梨1個、番茄
1/2個、洋蔥30g、檸檬汁
5g、墨西哥辣椒汁2滴、鹽
適量、胡椒粉適量、帕達
諾起司10g、小豆苗5g

作 法

1. 將酪梨壓碎、番茄和洋蔥切丁，放旁備用。
2. 碗內放入步驟1、檸檬汁、洋蔥丁、鹽、胡
   椒粉，並和墨西哥辣椒汁一起拌勻。
3. 麵包放入烤箱或烤麵包機內烤脆。
4. 麵包上面放入步驟2，灑上鹽、胡椒粉、帕
   達諾起司，最後擺上小豆苗，即可完成。

OPEN SANDWICH WITH SMOKED SALMON
煙燻鮭魚三明治

材 料

麵包1塊、煙燻鮭魚6塊、
紫洋蔥（切薄片）50g、酸
豆30g、酸奶油50g、辣根醬
30g、檸檬汁5g、鹽適量、
胡椒粉適量

作 法

1. 將酸奶油、辣根醬、檸檬汁、鹽和胡椒粉一
   起拌勻做成醬汁。
2. 麵包放入烤箱或烤麵包機內烤脆。
3. 麵包上面塗抹步驟1的醬汁後，再放上煙燻
   鮭魚、紫洋蔥和酸豆。
4. 最後灑上鹽和胡椒粉，即可完成。

Note

辣根為辛香調味料，常用來做肉類食物的調味品、保存
劑，磨成糊狀的辣根可與乳酪或蛋白等來調製成辣根
醬，此醬料可在超市賣場或網路購得。

HOT DOG
熱狗三明治

材　料

熱狗麵包1個、香腸1根、
培根2片、菊苣（萵苣）2
片、洋蔥30g、醃製酸黃瓜
15g、美乃滋30g、橄欖油
10g、蜂蜜芥末醬30g

作　法

1. 將洋蔥和酸黃瓜切碎，並將切碎的洋蔥與美
   乃滋拌勻。

2. 平底鍋內倒入橄欖油，並放入香腸和培根，
   一起煎熟。

3. 將麵包沾一些培根的油脂，與步驟2的食材
   一起煎烤。

4. 香腸烤至熟、培根烤脆後，將步驟1的洋蔥
   塗抹在麵包裡，並墊上菊苣。

5. 最後在菊苣上方，放入切碎的酸黃瓜和蜂蜜
   芥末醬，再把香腸和培根放入，即可完成。

CHAPTER 7

BRUNCH PLATE
早午餐套餐

早午餐（Brunch）是介於早餐和午餐間的餐點，想吃什麼可以很隨興的自己搭配，通常是一盤健康的沙拉搭配一個煎蛋，或是烤酥脆的麵包搭配半熟蛋及一碗熱騰騰、香噴噴的濃湯。現在只要透過自己的雙手，就能料理出餐廳等級的早午餐，每一口咬下去都很有成就感，吃起來也令人感到幸福呢！

HASH BROWN WITH POACHED EGG
水波蛋薯餅餐

材料

雞蛋1個、麵包2塊、薯餅
1塊、菠菜40g、奶油30g、
蒜泥10g、鹽適量、胡椒粉
適量

作　法

1. 將雞蛋煮成水波蛋（P.22），放旁備用。.
2. 薯餅煎熟、菠菜放入加鹽煮開的水中煮熟。
3. 平底鍋內放入奶油，待奶油融化後再放入蒜泥拌炒，接著放入菠菜繼續拌炒後，用胡椒粉調味。
4. 取一空盤，將薯餅放上後，再擺上步驟3及水波蛋，灑上鹽和胡椒粉。
5. 將麵包放旁擺盤，即可完成。

自製薯餅

材 料

馬鈴薯2個、荷蘭芹（切碎）適量、帕達諾起司粉20g、麵粉15g、奶油30g、鹽適量、胡椒粉適量

作 法

1. 將馬鈴薯切絲後，用冷水洗3次，除去澱粉，口感會較酥脆。
2. 攪拌盆內放入洗好的馬鈴薯絲、切碎的荷蘭芹、起司、麵粉、鹽、胡椒粉，一起攪拌均勻。
3. 平底鍋內放入奶油預熱後，再放入步驟2煎成一塊塊的薯餅。

CLASSIC PAN CAKE
綜合水果鬆餅

材 料

雞蛋2個、牛奶100g、麵粉
130g、玉米澱粉50g、砂糖
70g、泡打粉10g、鹽3g、橄
欖油70g、水70g、草莓10
個、芒果20g、藍莓20g、砂
糖粉適量

作 法

1. 攪拌盆內放入全部食材（除了水果及砂糖
   粉），攪拌均勻做成鬆餅麵糊。

2. 平底鍋預熱後，轉至中火並放上一湯杓的麵
   糊煎成鬆餅。

3. 將草莓、芒果、藍莓切成方便食用的大小，
   放旁備用。

4. 取一空盤，將烤好的鬆餅層層疊起，最上面
   放步驟3，最後灑上砂糖粉，即可完成。

PAN CAKE CAKE
迷你鬆餅蛋糕

材 料

雞蛋2個、牛奶100g、麵粉130g、玉米澱粉50g、砂糖70g、泡打粉10g、鹽3g、橄欖油70g、水70g

作 法

1. 攪拌盆內放入全部食材，並攪拌均勻成鬆餅麵糊。

2. 平底鍋預熱後，轉至中火並放上一小湯杓麵糊煎成鬆餅。

3. 煎好後可撒上砂糖粉、插上蠟燭做裝飾。

ENGLISH BREAKFAST
英式早午餐

材 料

雞蛋2個、吐司2片、香菇3
個、番茄1個、培根3片、
香腸2個、焗豆3T、奶油
適量、果醬適量、橄欖油
1T、鹽適量、胡椒粉適量

作 法

1. 將雞蛋煎成太陽蛋（P.18）。
2. 平底鍋內放入培根煎熟、香腸用刀切出紋路
   後烤熟，放旁備用。
3. 番茄切薄片、香菇切去根部、焗豆加熱，放
   旁備用。
4. 平底鍋內倒入橄欖油，放入番茄、香菇，並
   灑上鹽、胡椒粉來煎熟，放旁備用。
5. 吐司放入烤箱或烤麵包機裡烤脆。
6. 把食材漂亮的擺盤後，即可完成。

Note

焗豆可在進口食品超市或烘焙材料行購得。

CHILI BALL PLATE
哥倫比亞早午餐

材料

雞蛋2個、司康1個、馬鈴薯
沙拉130g、番茄醬70g、牛
絞肉50g、豬絞肉50g、墨西
哥辣椒10g、傑克起司30g、
橄欖油20g、鹽適量、胡椒
粉適量

作 法

1. 將雞蛋煎成太陽蛋（P.18），放旁備用。
2. 平底鍋內倒入橄欖油，放入牛絞肉、豬絞肉、墨西哥辣椒、鹽和胡椒粉一起拌炒。
3. 再放入番茄醬拌炒。
4. 取一空盤，將馬鈴薯沙拉、司康、太陽蛋放上擺盤。
5. 盤子上放入步驟2的食材後，灑上傑克起司，即可完成。

BAKED POTATO WITH GARLIC, ROSEMARY
蒜香馬鈴薯

材　料

小馬鈴薯10個、大蒜6瓣、
迷迭香1根、橄欖油30g、鹽
適量、胡椒粉適量

作　法

1. 烤箱以230℃預熱。
2. 將小馬鈴薯洗乾淨後，不用削皮直接放入滾
   水煮熟。
3. 將大蒜、橄欖油、鹽、胡椒粉和迷迭香攪拌
   後，塗抹在每顆馬鈴薯上，靜置一下待其醃
   至入味。
4. 放入烤箱，將小馬鈴薯表面烤脆，約需烤
   30～50分鐘。

POTATO PIE WITH BEEF
牛肉馬鈴薯派

材 料

牛肉番茄濃湯300g、馬鈴薯300g、螺絲麵100g、奶油50g、鮮奶油50g、鹽適量、胡椒粉適量、傑克起司100g

作 法

1. 烤箱以230℃預熱。
2. 螺絲麵水煮十分鐘後撈起,再將牛肉番茄濃湯加熱。
3. 馬鈴薯煮熟後壓碎,並加入奶油、鮮奶油、鹽、胡椒粉,攪拌均勻成馬鈴薯泥。
4. 取一容器並倒入步驟2,並於上面放入馬鈴薯泥。
5. 最後灑上傑克起司再放入烤箱,約烤20～40分鐘直至起司融化即可。

Note

牛肉番茄濃湯的作法,請翻至P.116。

STIR-FRIED MUSHROOMS PLATE
奶油蘑菇早午餐

材　料

雞蛋1個、香菇30g、杏鮑菇30g、草菇30g、洋蔥丁10g、蒜泥10g、酪梨1/2個、奶油10g、橄欖油10g、鹽適量、胡椒粉適量、頂級橄欖油10g

作　法

1. 將雞蛋煎成太陽蛋（P.18）。

2. 所有菇類切成方便食用的大小、酪梨切薄片，放旁備用。

3. 平底鍋內倒入橄欖油、奶油後，放入步驟2拌炒。

4. 取一空盤，將步驟3放上擺盤後，灑上鹽、胡椒粉和頂級橄欖油。

5. 最後擺上太陽蛋，即可完成。

CHAPTER 8

BEVERAGE
飲料

早午餐裡怎麼可以少了果汁、汽水這些飲料呢？這個單元特別向各位讀者介紹，在我經營的「my Ssong」餐廳裡，最受大家歡迎的果汁和汽水食譜。甚至自己在家裡也能簡單調配出的酒類飲料也一併介紹，讓你能在特別的日子裡搭配美味的料理，一起來試看看吧！

BANANA JUICE
香蕉果汁

材 料

香蕉1個、牛奶250g、冰塊適量

作 法

1. 將牛奶和香蕉放入果汁機打勻。
2. 杯中先放入冰塊再倒入步驟1,即可完成。

MINT LEMONADE
蘋果紅蘿蔔果汁

材 料

蘋果1個、紅蘿蔔1/2個、冰塊適量

作 法

1. 將蘋果切成8塊,紅蘿蔔切成4塊。
2. 蘋果和紅蘿蔔,依序放入榨汁機攪打均勻。
3. 杯中先放入冰塊,再倒入步驟2,即可完成。

ORANGEADE
柳橙氣泡飲

材　料

柳橙1/2個、雪碧汽水200ml、冰塊適量

作　法

1. 柳橙切半後，榨成柳橙汁。
2. 再將步驟1的柳橙皮，切成三等分。
3. 取一空杯，放入冰塊，再放入步驟1、步驟2。
4. 將雪碧倒入杯子裡。
5. 最後用吸管或湯匙輕輕攪拌即可。

MINT LEMONADE
薄荷檸檬氣泡飲

材　料

檸檬1個、雪碧汽水200ml、薄荷葉2片、冰塊適量

作　法

1. 將檸檬切半，榨成檸檬汁。
2. 將步驟1的檸檬皮，切成薄薄的四片，放旁備用。
3. 取一空杯，放入冰塊、步驟1、步驟2、薄荷葉。
4. 將雪碧倒入杯子裡，並放入剩下的檸檬。
5. 最後用吸管或湯匙輕輕攪拌即可。

BASIL ORANGEAD
羅勒柳橙氣泡飲

材 料

柳橙1/2個、雪碧汽水200ml、羅勒
葉4片、冰塊適量

作 法

1. 將柳橙榨成柳橙汁。
2. 將步驟1的柳橙皮切成薄薄的四片。
3. 取一空杯，放入步驟1、步驟2，並
   將雪碧倒入杯子裡。
4. 接著用手按壓數次羅勒葉，使其散
   發出香氣後，再放入杯中。
5. 最後用吸管或湯匙輕輕攪拌即可。

BLUEBERRY SHAKE
藍莓奶昔

材 料

藍莓100g、冰淇淋100g、牛奶
50g、藍莓果醬50g、冰塊適量

作 法

1. 將所有的食材放入果汁機打均勻。
2. 倒入杯中即可完成。

STRAWBERRY SHAKE
草莓奶昔

材　料

冷凍草莓150g、冰淇淋100g、牛奶
50g、草莓果醬50g、冰塊適量

作　法

1. 將所有的食材放入果汁機打均勻。
2. 倒入杯中，即可完成。

MIMOSA
香檳柳橙果汁

材　料

（份量：5～6杯）
香檳1瓶、柳橙汁50～60g

作　法

1. 準備好香檳杯，將柳橙汁平均分成
   六杯。
2. 再將香檳倒入杯中，倒入的量大約
   是香檳杯稍稍過半即可。

Note
可以根據喜好，將柳橙汁換成草莓汁。

MOJITO
萊姆氣泡飲

材料

萊姆1.5個、砂糖15g、蘭姆酒
30g、蘇打水200g、檸檬葉半撮、
冰塊適量

作法

1. 將萊姆和薄荷葉放入雞尾酒杯中，
   再用雞尾酒棒磨碎。
2. 加入砂糖攪拌均勻後，再利用雞尾
   酒棒磨碎一次。
3. 放入冰塊，再倒入蘭姆酒和蘇打水。
4. 最後利用杓子拌勻，即可完成。

BLOODY MARY
血腥瑪麗

材料

伏特加80g、墨西哥辣椒汁1滴、烏斯特醬5g、檸
檬汁2滴、番茄汁150g、西洋芹1根、帕達諾起司
粉適量、鹽適量、胡椒粉適量、冰塊適量

作法

1. 雞尾酒杯中加入伏特加、鹽、胡椒粉、墨西哥辣
   椒汁、烏斯特醬和檸檬汁一起攪拌均勻。
2. 再加入冰塊和番茄汁。
3. 接著利用杓子拌勻。
4. 最後灑上少許起司粉和胡椒，即可完成。

Note

「血腥瑪麗」是指酒精含量較低的紅色雞尾酒。「烏斯特醬」
（也可以稱伍斯特醬），是用於英式料理的調味料，味道有點
像烏醋，但卻又多了許多蔬果及香料的味道。

Glasslock
格拉氏洛克

飯菜分開放，
美味不打折！

Glasslock 強化玻璃分格保鮮盒

金內隔板設計，帶便當、野餐時飯菜可分開裝盛，讓食物乾濕分離，保留美味！

- 強化玻璃，耐衝擊不易破裂，帶便當或郊遊野餐都適合
- 絕佳密封性，可延長食物保鮮期限
- 使用後易清洗，不殘留異味及色漬
- 可用於微波爐、蒸鍋、冷藏冷凍、洗碗機
- 100%韓國原裝進口

Glasslock強化玻璃分格保鮮盒
容量670ml、920ml、1,000ml

Orange Taste 01

韓國人氣咖啡廳主廚教你做！
90道手作幸福早午餐

作者　李松熙
譯者　胡椒筒

出版發行

橙實文化有限公司 CHENG SHI Publishing Co., Ltd
客服專線／（02）8642-3288

發行人	謝穎昇 EASON HSIEH, Publisher
總編輯	于筱芬 CAROL YU, Editor-in-Chief
副總編輯	吳瓊寧 JOY WU, Deputy Editor-in-Chief

美術編輯	簡至成
封面設計	果實文化設計
製版・印刷・裝訂	皇甫彩藝印刷股份有限公司
贊助廠商	CHEF TOPF COOKWARE BY GLASSLOCK　Glasslock

編輯中心

新北市汐止區龍安路28巷12號24樓之4
24F.-4, No.12, Ln. 28, Long'an Rd., Xizhi Dist., New Taipei City 221, Taiwan (R.O.C.)
TEL／（886）2-8642-3288　FAX／（886）2-8642-3298
Mail／Orangestylish@gmail.com
粉絲團／https://www.facebook.com/OrangeStylish/

全球總經銷

聯合發行股份有限公司
ADD／新北市新店區寶橋路235巷6弄6號2樓
TEL／（886）2-2917-8022　FAX／（886）2-2915-8614
出版日期／2016年8月

橙實文化有限公司

CHENG -SHI Publishing Co., Ltd

221 新北市汐止區龍安路28巷12號24樓之4

讀者服務專線：（02）8642-3288

請貼郵票

韓國人氣咖啡廳主廚教你做！

90 道 **手作幸福**

韓國人氣咖啡廳
者乃在做！

早午餐。

簡單·營養·健康的美味食譜，
新手也能做出餐廳等級Brunch！

Orange Taste系列 讀者回函

書系：Orange Taste 01
書名：韓國人氣咖啡廳主廚教你做！90道手作幸福早午餐

讀者資料（讀者資料僅供出版社建檔及寄送書訊使用）

- 姓名：＿＿＿＿＿＿＿＿＿＿＿＿＿＿＿＿

- 性別：□男　　□女

- 出生：民國 ＿＿＿＿＿ 年 ＿＿＿＿＿ 月 ＿＿＿＿＿ 日

- 學歷：□大學以上　□大學　□專科　□高中（職）　□國中　□國小

- 電話：＿＿＿＿＿＿＿＿＿＿＿＿＿＿＿＿＿＿＿＿＿＿＿＿＿＿＿＿

- 地址：＿＿＿＿＿＿＿＿＿＿＿＿＿＿＿＿＿＿＿＿＿＿＿＿＿＿＿＿

- E-mail：＿＿＿＿＿＿＿＿＿＿＿＿＿＿＿＿＿＿＿＿＿＿＿＿＿＿

- 您購買本書的方式：□博客來　□金石堂（含金石堂網路書店）□誠品
  □其他 ＿＿＿＿＿＿＿＿＿＿＿＿＿＿＿＿＿＿＿＿＿（請填寫書店名稱）

- 您對本書有哪些建議？＿＿＿＿＿＿＿＿＿＿＿＿＿＿＿＿＿＿＿＿

- 您希望看到哪些親子育兒部落客或名人出書？＿＿＿＿＿＿＿＿＿＿＿

- 您希望看到哪些題材的書籍？＿＿＿＿＿＿＿＿＿＿＿＿＿＿＿＿＿＿

- 為保障個資法，您的電子信箱是否願意收到橙實文化出版資訊及抽獎資訊？
  □願意　　□不願意

韓國
CHEF TOPF
薔薇系列不沾湯鍋
（20cm）
10個
（市價NT2,680）

買書抽大獎

1. **活動日期：**即日起至2016年9月23日
2. **中獎公布：**2016年9月28日於橙實文化FB
   粉絲團公告中獎名單，請中獎人主動私訊
   收件資料，若資料有誤則視同放棄。
3. **抽獎資格：**購買本書並填妥讀者回函寄回
   （影印無效）+到橙實文化FB粉絲團按讚
   並參與本書粉絲團好禮活動。
4. **注意事項：**中獎者必須自付運費，詳細抽
   獎注意事項公布於橙實文化FB粉絲團，橙
   實文化保留更動此次活動內容的權限。

橙實文化FB粉絲團：**https://www.facebook.com/OrangeStylish/**